APERÇU

DU

ROLE DE L'EAU

DANS LA NATURE

PAR

M. DE VAURÉAL

Médecin du Bureau de bienfaisance du VIe arrondissement,
Membre de la Société médicale d'émulation,
De la Société d'hydrologie médicale de Paris, etc.,
Médecin ordinaire de l'Exposition universelle de 1867,
Professeur d'hygiène de l'Association polytechnique.

EXTRAIT DES ANNALES DE LA SOCIÉTÉ D'HYDROLOGIE MÉDICALE DE PARIS,
Tome XIII.

PARIS

ADRIEN DELAHAYE, LIBRAIRE-ÉDITEUR

PLACE DE L'ÉCOLE-DE-MÉDECINE.

1867

DU MÊME AUTEUR,

ESSAI SUR L'HISTOIRE DES FERMENTS ; DE LEUR RAPPROCHEMENT AVEC LES MIASMES ET LES VIRUS. 1864.

ESQUISSE DES EFFETS PHYSIOLOGIQUES ET THÉRAPEUTIQUES DE L'EAU. 1865.

GENÈSE ET INDICATIONS DU CHOLÉRA-MORBUS ÉPIDÉMIQUE. 1866.

DE LA RÉFORME DE L'ENSEIGNEMENT MÉDICAL (*France médicale*. 1866.)

DU TRAITÉ DES POISONS DE MEIMONIDES (*Idem*).

DE LA RIGIDITÉ CADAVÉRIQUE ET DE L'IRRITABILITÉ MUSCULAIRE (*Union médicale* et *Bulletin de la Société médicale d'émulation*, t. I, 1867.

DE LA DIGESTION DU SANG (*Idem*).

DES EXANTHÈMES DANS LE RHUMATISME (*Idem*).

Sous presse :

RECHERCHES PSYCHOLOGIQUES ET CLINIQUES SUR LA MÉLANCOLIE.

Paris. — Imprimerie de E. MARTINET, rue Mignon, 2.

APERÇU

DU

ROLE DE L'EAU

DANS LA NATURE

Dès l'antiquité, l'eau a été considérée comme l'un des éléments de la nature ; les anciens philosophes avaient compris son importance et deviné son rôle. Une école moderne de savants que j'admire, mais que je ne suis pas, a entassé des trésors de recherches en voulant connaître les propriétés des corps, afin de doter la matière en dépossédant les forces. Mais, grâce à l'observation, le vent semble tourner et déjà on voit poindre un rayon de soleil dans le ciel gris du positivisme. Sans prendre aucune part à cette éternelle discussion de mots et d'abstractions qui existe encore pour la plus grande gloire de la polémique savante, je dois dire que je me suis placé à un point de vue qui est au-dessus ou au-dessous des questions dogmatiques qui se rapportent soit à la matière, soit à l'esprit.

PROPRIÉTÉS CHIMIQUES.

Chimiquement, nous savons que l'eau est une combinaison définie de deux gaz, l'hydrogène et l'oxygène, équivalent à équivalent, c'est-à-dire 1 gramme d'hydrogène pour 8 d'oxygène ou 2 volumes du premier gaz pour 1 du second.

Ces deux gaz mêlés ensemble dans les proportions ci-dessus se combinent intégralement avec lumière, chaleur et fracas, comme on le sait. Que se passe-t-il alors? Ils abandonnent 35 000 calories. — Vient-on à rendre à l'eau 35 000 calories, l'hydrogène comme l'oxygène reparaissent dans les proportions indiquées. Ce qu'il y a de curieux dans ce fait au point de vue des théories nouvelles sur la combustion et anciennes sur le phlogistique, c'est que c'est l'hydrogène qui abandonne plus de calories que l'oxygène.

L'eau ainsi constituée n'est ni alcaline, ni acide; mais elle n'est pas neutre, car tantôt elle se combine avec les bases, tantôt avec les acides.

Elle est l'organe des transactions chimiques et c'est en fonction de sa liquidité : car tout liquide est une substance douée d'une plus-value de mouvement, c'est un réservoir de dynamisme, comme l'atmosphère, bien qu'à un plus faible degré. Aussi peut-on presque complétement lui attribuer la loi qui régit la chimie ; cette loi n'est pas une création de l'esprit de l'homme, elle est comme toutes les lois découvertes par la science, écrite dans la nature, et nous l'avons ainsi formulée : *Corpora non agunt nisi soluta.*

Mais ce qu'il y a de plus admirable dans cet élément,

c'est que pour lui il n'y a qu'une chimie, qu'il s'agisse du règne minéral, ou du végétal, ou de l'animal : partout nous le voyons paraître comme dissolvant en raison du mouvement commun, et comme constituant en raison d'un mouvement particulier. Il suit donc partout le double mouvement de la vie : composition et décomposition.

Je m'arrête ici à l'indication simple du point de vue élevé qui ouvre de si vastes horizons en chimie; car à défaut de limpidité et d'étendue, je dois être rapide.

PROPRIÉTÉS PHYSIQUES.

En physique, l'eau justifie l'importance que lui ont reconnue les philosophes anciens; un grand nombre l'ont regardée comme l'âme de la terre qu'elle unit au ciel.

Rappelons-nous qu'elle constitue les trois quarts de la surface du globe, qu'elle joue pour la vie de la planète un rôle tout aussi important et encore mieux expliqué que celui de l'azote de l'air. Car, comme cet azote en fonction de l'oxygène, l'eau est en fonction du dynamisme, le moyen qui atténue et vivifie.

Il nous intéresse donc de voir rapidement comment se comporte cet élément si important, suivant qu'il est le patient de tel ou tel mode du dynamisme.

1° *De l'eau en fonction de la lumière.* — Nous savons que cet élément ondule sur les trois quarts du globe, tantôt sous le scintillement des étoiles, tantôt sous le rayonnement du soleil. Nous savons également que dans ces alternatives de sublimation et de condensation, il se forme ces météores aqueux dont nous aurons bientôt l'occasion de rappeler le mécanisme et les effets; mais le phénomène le plus important et celui dont les conditions sont peut-être le moins vulgarisées, c'est l'évaporation; elle consiste dans le passage de l'état liquide et même de l'état solide à l'état de vapeur. Ce phénomène s'effectue sur une vaste échelle pour les eaux du globe et même pour les glaces polaires.

Son mécanisme est très-simple : L'air conduit très-bien la lumière et ne conduit pas du tout le calorique.

L'eau conduit moins bien la lumière, et ne conduit pas mieux le calorique. Ici je m'explique : M. Tyndal a démontré qu'au delà du rouge et en deçà du violet, il y a dans le spectre des rayons sombres, c'est-à-dire invisibles; que si l'on vient à condenser ces rayons en les faisant converger sur du platine, celui-ci devient incandescent. On peut donc faire sortir la lumière des ténèbres, ou pour parler plus clairement, le mode lumineux comporte non-seulement les rayons qui impressionnent la rétine, mais tous ceux qui affectent les mêmes caractères dans leur marche.

Donc le calorique qui rayonne en mode lumineux, n'est pas du calorique, mais de la lumière, comme Melloni l'a supposé. Cette théorie admise, l'évaporation trouve une explication plus complète. En effet, sous l'influence de la radiation solaire qui n'échauffe pas l'air (sinon quand il contient de la vapeur d'eau), l'eau s'échauffe parce qu'en raison de son indice de réfraction bien supérieure, elle décompose le rayon lumineux et absorbe la partie du rayon qui est le plus apte à se transformer en calorique ou en mouvement. Le calorique, produit de la décomposition de la lumière, est utilisé à la formation de la vapeur. Telle est l'interprétation du phénomène d'évaporation qui, de la surface des eaux, transporte au sein de l'atmosphère des quantités énormes de calorique qui résultent de la décomposition de la lumière solaire;

aussi conçoit-on que les couches superficielles des eaux s'échauffent seules, car les rayons lumineux qui arrivent aux couches plus profondes ne contiennent plus ou presque plus de lumière décomposable en chaleur.

2° *De l'eau en fonction du calorique.* — L'eau passe successivement de l'état solide à l'état liquide et enfin à l'état de vapeur. Dans ces transformations l'eau se combine au calorique : 1 kilogramme de glace qui passe à la liquidité, sans que le thermomètre varie puisqu'il reste pendant toute la durée de la fusion à 0 degré, ce kilogramme absorbe 79 calories, c'est-à-dire la quantité de chaleur capable d'élever le même poids d'eau à 79 degrés.

1 kilogramme d'eau à 100 degrés absorbe pour se vaporiser 540 calories.

En d'autres termes, l'eau absorbe sept fois plus de calorique pour passer de l'état liquide à l'état de vapeur que pour passer de la forme solide à la liquidité.

Voyons ce qui se passe au point de vue du volume.

La température à laquelle l'eau offre le plus de densité est celle de 4 degrés, elle se dilate irrégulièrement jusqu'à 100 degrés, puis passant à l'état de vapeur, elle prend un volume 1700 fois plus grand.

De 4 degrés à 0 degré l'eau, au lieu de continuer à se contracter, se dilate pour reprendre le volume qu'elle occupe à 8 degrés.

Elle se dilate encore plus en se congelant, de sorte qu'à l'état de glace, sa densité n'est plus que les 930 millièmes de celle qu'elle présente à 4 degrés, densité inférieure à celle de l'eau bouillante qui donne environ 960 millièmes.

Expliquons d'abord ce phénomène de dilatation : l'eau pour passer de l'état liquide à l'état solide doit céder 79 calories, elle dégage donc du calorique à l'état naissant ; ce calorique on le voit se dégager partiellement quand on assiste dans l'obscurité à un phénomène de cristallisation, car il se produit alors un dégagement lumineux à certains moments qui correspondent à la formation d'un cristal. Nous savons bien ce que l'eau perd de chaleur dans cette transformation, mais nous ne savons pas ce qu'elle conserve de dynamisme de *composition*. Aussi la glace affecte-t-elle plusieurs modes de cristallisation en rapport avec les diverses quantités de dynamisme qu'elle retient pour se constituer sous une forme définie.

Quelle que soit la valeur de cette interprétation, le phénomène n'en a pas moins les conséquences les plus importantes. Si la glace n'était plus légère que les eaux, celles-ci se refroidiraient par le mélange, dans leurs couches profondes, dès lors, les êtres qui ont vie au sein des fleuves, des lacs et des mers, seraient détruits. A côté de cette loi protectrice des espèces aquatiques, nous en voyons une autre tout opposée qui tourmente le sol des régions péripolaires : dans toutes les anfractuosités des roches où l'eau se congèle elle fait l'effet de la mine, par sa dilatation elle fait éclater les parois les plus solides comme celles d'un canon, par exemple, et le granit lui-même n'y résiste pas. Aussi, comme on le sait, les pierres poreuses sont-elles vite désagrégées dans les contrées où il gèle.

Il me reste à parler d'un état de l'eau où elle semble résister aux plus hautes températures sans bouillir, même à la pression atmosphérique habituelle. Cet état est dit sphéroïdal, parce qu'en effet l'eau prend la forme sphérique sur les capsules chauffées au rouge que nous employons pour observer le phénomène. Dans cet état, l'eau, comme les autres liquides, reste au-dessous de son point d'ébullition. L'explication est assez simple : l'eau projetée sur une surface incandescente ne la mouille pas parce qu'elle s'enveloppe immédiatement d'une véritable atmosphère, aussi la lame peut-elle être trouée et l'eau ne fuit pas. Mais par cela même qu'il y a défaut de contact, le calorique ne peut se transmettre *par ordre de conductibilité;* il n'y a que le rayonnement lumineux qui échauffe le globule ou la masse d'eau, et alors nous voyons s'effectuer non l'ébullition mais l'évaporation lente.

C'est à la faveur de cet état sphéroïdal que la main de l'homme, lorsqu'elle est moite, peut jouer impunément avec du bronze en fusion ; toute la question est d'aller plus vite que l'évaporation, et c'est ce que font continuellement les ouvriers des hauts fourneaux quand ils marchent en courant sur des ruisseaux de fonte, alors qu'elle est encore au rouge vif.

D'un autre côté, l'état sphéroïdal est la cause la plus commune des explosions meurtrières des chaudières à vapeur, en transformant subitement le calorique en dynamisme.

3° *De l'eau en fonction de l'électricité.* — L'eau conduit l'électricité 6 milliards 600 millions de fois moins que le cuivre. D'après M. Pouillet, on peut même dire qu'elle ne la conduit presque pas.

Si l'eau ne conduit pas mieux l'électricité que la chaleur, en raison de la mobilité de ses molécules, elle transporte l'une comme l'autre. Quant au phénomène de transport, il est parfaitement démontré par les expériences de Davy; je n'en cite qu'une. Je prends trois verres; dans l'un, je mets une solution de sulfate de soude, dans l'autre, de l'eau pure, dans celui du milieu, de la teinture de tournesol ; ces trois verres communiquent par des mèches d'amiante imbibées d'eau. Si je fais passer un courant qui monte du verre contenant l'eau pure à celui contenant la solution de sel, il arrive un moment où tout le sulfate de soude est décomposé; la soude reste dans le verre qui contenait la solution, parce qu'il est négatif; l'acide sulfurique se trouve dans le verre d'eau qui était pure, et le tournesol n'a pas changé dé couleur.

Cependant, dans l'électrolyse ou décomposition chimique par les courants, l'eau nous offre plus qu'un phénomène de transport de sa molécule : sous l'influence d'un courant même peu intense, elle se polarise comme l'a admis Grotthus. Entre les deux électrodes, les molécules se disposent comme une chaîne, en s'orientant suivant leurs pôles contraires, si bien que chaque hémisphère de chaque molécule étant constitué suivant son électricité, soit d'hydrogène, soit d'oxygène, on comprend que de molécule à molécule il tende à se faire un échange incessant.

Cette théorie, si séduisante qu'elle soit, n'a qu'un défaut : c'est d'être trop simple et de n'expliquer qu'un côté du phénomène.

Que faut-il, en effet, pour que l'eau soit décomposée ?

Il faut d'abord, il est vrai, une action qui polarise, c'est-à-dire qui différencie ce qui est conjoint; mais cela ne suffit pas, car il faut que les équivalents de gaz qui vont reprendre leur liberté recouvrent 35 000 calories, juste autant de chaleur qu'ils en dégagent en se combinant ; vient-on à contrarier cette restitution de calorique , en enveloppant de glace le vase où s'opère l'électrolyse , il se fait de l'eau oxygénée au pôle positif; au pôle négatif, l'hydrogène naissant sursature l'eau de manière à constituer une *eau hydrogénée* qui, plus instable encore que l'eau oxygénée, peut cependant exister dans les conditions de tension électrique qui président à sa formation. Cet aperçu suffit pour faire comprendre ce que la théorie de Grothus peut laisser à désirer.

Une remarque importante à faire, c'est qu'il en est de l'électricité comme de la lumière : ces deux modes du dynamisme ayant la même loi de propagation, quant à leur vitesse, présentent aussi les mêmes particularités à l'égard des corps qui sont réfractaires à leur passage ; l'un et l'autre, dans ce cas, abandonnent aux premières couches des milieux qu'ils traversent, toutes leurs parties constituantes qui sont sujettes à transformation, et ce qui suit son chemin après cette séparation faite, paraît le suivre imperturbablement, que ce soit en mode lumineux ou en mode électrique. On comprend donc qu'un courant étant donné, il y en ait une partie, si faible qu'elle soit, qui traverse l'eau comme une substance conductrice.

En raison de ce que nous venons de dire sur le peu de conductibilité de l'eau, sur la quantité énorme de calorique qui est nécessaire à son électrolyse, on comprend que l'eau jouisse de la propriété de mettre l'électricité en tension, c'est-à-dire de la condenser.

Déjà, par sa liquidité, ses molécules accusent une plus-value de mouvement qui tend à les indifférencier à la cohésion. Aussi le propre de ces molécules est-il d'aspirer à la tension élastique des gaz, si bien que la glace elle-même à — 40° émet des vapeurs. Or voici ce qui se passe quand l'eau est électrisée : ou l'électricité est transformée en calories comme dans l'électrolyse, ou l'eau la réserve ; mais, dans ce dernier cas, il faut un plan de différentiation : soit une paroi de verre ou une atmosphère d'air. Si c'est une paroi de verre, nous constituons avec l'eau une bouteille de Leyde, c'est-à-dire une tension électrique contenue dans le vase, et à laquelle une tension induite et complémentaire vient faire opposition sur la paroi enveloppante; si c'est une atmosphère d'air qui enveloppe la molécule d'eau à l'état de vapeur, elle n'en est pas moins isolée et par conséquent condensatrice.

On sait que la surface des eaux salées ou des mers

fournit à l'atmosphère de la vapeur électrisée positivement, tandis que les vapeurs des eaux alcalines, comme celles qui imprègnent le sol, sont électrisées négativement. Suivons les vapeurs exhalées par l'Océan, et nous les voyons se condenser sous forme de nuages, qui sont attirés par les continents d'électricité complémentaire; mais la plus grande partie de ces vapeurs, sous l'influence de la radiation solaire qu'elles condensent, s'élèvent dans les hautes régions d'atmosphère. Or, ne perdons pas de vue que les phénomènes de tension électrique sont liés à la *pression;* si cette pression décroît, l'électricité, jusqu'alors contenue par des circonstances particulières, rentre dans la loi commune, et, la nuit aidant, elle abandonne la vapeur d'eau à sa condensation fatale pour gagner les plus hautes régions.

En effet, plus on s'élève dans l'atmosphère, et plus la tension électrique augmente ; ce n'est donc pas l'atmosphère de la planète qui tend à fuir dans les espaces intersidéraux, c'est le dynamisme lui-même ; mais si l'atmosphère aérienne n'est pas retenue par la loi de la pesanteur, l'atmosphère électrique est retenue, elle, par induction de la masse planétaire qui est électrisée en sens contraire.

On voit donc le rôle important que l'eau joue entre le ciel et la terre et sous l'influence du soleil, au point de vue du dynamisme de la planète dont l'atmosphère peut être considérée comme le grand réservoir. Si j'avais besoin de donner une des preuves de cette disposition, j'invoquerais celle-ci : en raison de son mouvement de rotation, la terre déjà aplatie aux pôles a une atmosphère qui l'est beaucoup plus ; aussi est-ce aux pôles que se font, sous le nom d'aurores boréales, les recombinaisons de l'électricité enveloppante de l'hémisphère avec l'électricité induite ou négative de la terre.

Dans la dissolution, qui est la mise en commun des forces, il se passe un phénomène aussi intéressant que facile à observer. Plaçons un cristal de sulfate de cuivre ou d'iodure de potassium au milieu d'une masse d'eau, et aussitôt nous voyons le cristal résister d'un côté et s'effondrer de l'autre.

Il y a donc un côté du cristal de même électricité que l'eau, et, par suite, faisant opposition à son affinité, tandis que celui qui est électrisé complémentairement se dissout rapidement.

De l'eau en fonction du mouvement.

Nous savons par quels phénomènes de sublimation et de condensation, de tension et d'induction, les vents alizés et les vents réguliers sont régis. Nous savons aussi que c'est en raison de la mobilité de leurs molécules que l'air et l'eau s'échauffent par un mouvement ascensionnel, ou plus ou moins oblique s'il est la résultante de plusieurs composantes.

Rénumérant ce que nous avons dit, il est aisé de voir que la lumière devient chaleur à la surface de la planète, et la chaleur mouvement dans son atmosphère.

Mais par suite de cet admirable enchaînement dans la transformation du dynamisme, le mouvement aérien se déchaîne sur l'Océan.

Telle n'est pas la seule source du mouvement de l'élément humide ; nous devons aussi invoquer les effets d'attraction variables et très-sensibles qui résultent de nos positions respectives, à l'égard de notre satellite et de l'astre qui nous éclaire. Flux et reflux de la mer, flux et reflux de l'atmosphère traduisent tour à tour les actions composées du soleil et de la lune.

Que devient le mouvement communiqué aux eaux par les vents et les astres?

Supposons de l'eau pure et le mouvement est communiqué intégralement, car, en raison de la mobilité des molécules, les frottements sont assez faibles pour transformer fort peu du mouvement en calorique; et, d'ailleurs, comme il n'y a pas d'élément de différentiation, il ne tend pas à se produire d'électricité. Il n'en est pas de même quand l'eau est chargée de principes minéraux ou organiques, car alors il s'effectue une transformation du mouvement en électricité, et de celle-ci en calorique. On peut donc admettre que l'eau s'échauffe par le battage, lorsqu'il s'agit d'une eau minéralisée comme l'eau des mers.

C'est donc dans le cas de minéralisation que l'on peut constater l'électrisation par le mouvement.

La mer présente souvent, pendant les nuits d'été, un phénomène de phosphorescence. Ce phénomène est dû à la présence d'une quantité innombrable de monades, infusoires électriques qui deviennent lumineux, en raison de leur pouvoir condensateur, dès qu'on agite l'eau.

Ces infusoires sont quelquefois si nombreux que le sillage du bâtiment paraît incandescent, les lames elles-mêmes sont lumineuses : on croirait naviguer sur une mer en feu.

Ayant observé pendant tout un été ce phénomène, j'ai pu acquérir la preuve qu'il n'était pas toujours identique comme intensité ni comme cause. Quand la phosphorescence est due à des infusoires, il est facile de constater la présence de ces microzoaires au microscope et même à l'œil nu. En effet, quand on vient à remuer une de ces flaques d'eau que la mer laisse en se retirant (la nuit étant sombre, bien entendu), chaque infusoire accuse sa présence par un point lumineux ; de sorte que l'eau est scintillante. En un mot, la phosphorescence est pointillée. Quand la mer ne présente pas du tout le phénomène que je viens de décrire, et qu'il y a de la houle, on aperçoit encore au brisant des lames une phosphorescence, mais moins intense et parfaitement uniforme.

C'est cette dernière phosphorescence, parfaitement distincte de la première, qui accuse la transformation du mouvement en électricité. Cette phosphorescence est facilement reproduite dans le laboratoire en agitant, dans l'obscurité complète, une fiole contenant une solution saline. Si j'insiste sur ce phénomène si simple, puisqu'il résulte d'une action génératrice d'électricité : le frottement, et d'une qualité différentielle et déterminative du liquide : solution saline, c'est que quelques physiciens objectent au dynamisme qu'il assimile des choses parfaitement dissemblables, comme un phénomène et une substance, le mouvement et la lumière ! Ayant soin de ne pas entrer dans une discussion de mots, nous pouvons dire que tout ce qui est sensible à nos sens est pour nous phénomène, tandis que la substance est une vue de l'esprit. Quand je concentre les rayons du soleil sur un matras contenant de l'eau qui, alors se vaporise, j'interprète le phénomène, et je dis : une partie de la lumière a servi à échauffer l'eau.

Si je fais arriver la vapeur produite sur un piston, de manière qu'étant chassé, il communique dans sa course son mouvement acquis à un engrenage, je dis : le calorique produit par la lumière a volatilisé l'eau, et a donné à sa vapeur une force d'expansion qui s'est traduite par un effort mécanique tel ou tel. Donc la lumière a généré du calorique, qui a généré du mouvement. Mais il faut des organes convenables pour ces transformations, puisqu'elles ne se font qu'en raison de tels ou tels supports.

Or, dans l'état actuel de la science, nous devons nous borner à bien voir les conditions du phénomène, à parfaitement analyser et à synthétiser toutes les dispositions qui concourent à le produire, et en attendant que la science soit le parfait interprète de la nature, je ne vois pas l'utilité des hypothèses gratuites que l'on peut faire sur la substance, soit de la lumière, soit de la chaleur, soit de l'électricité, parce que si j'admets, par exemple, avec M. E. Martin, que les corps simples sont combinés ou avec de l'*éthérile* ou avec de l'*électrile*, je me créerai deux bornes imaginaires, qui, ne servant qu'à limiter mes idées, m'empêcheront d'atteindre les limites du phénomène, limites qui sont celles de son organe lui-même. Telle n'est donc pas la vraie méthode.

Sous l'influence du mouvement, l'eau se pulvérise. Ce phénomène paraît si simple de prime abord, qu'on est tenté de se demander s'il ne s'explique pas de lui-même.

Nous connaissons le degré extrême de ténuité que notre très-honoré confrère, M. le docteur Sales-Girons, est arrivé à donner à la poussière d'eau; ténuité si grande, qu'elle se comporte alors comme la fumée ou comme la vapeur. L'eau n'est cependant pas transformée en vapeur, c'est-à-dire qu'elle n'a pas transmué le mouvement en 540 calories latentes.

Dans le vide, si fine que soit la veine fluide, si grande que soit la pression qui lui communique sa vitesse, il n'y a pas de pulvérisation. Ce phénomène provient de la résistance de l'air, qui décompose le mouvement balistique de chaque molécule d'eau. Or, ce mouvement balistique n'est déjà plus un mouvement rectiligne : chaque molécule subit un mouvement de rotation sur son axe, et une trajectoire compliquée, comme le démontre le *gyroscope*.

Lorsque nous mettons une aiguille d'acier poli sur l'eau, elle surnage malgré sa densité bien supérieure. Elle surnage, parce que l'air mouille bien mieux le métal que l'eau, et que l'aiguille mouillée par l'air comporte une atmosphère qui augmente son volume dans la proportion voulue pour que ce volume pèse moins qu'un égal volume d'eau.

On comprend tout de suite que dans la décomposition des mouvements moléculaires d'une mince veine fluide, la cohésion soit aisément vaincue par cette puissance non moins grande de la capillarité qui résulte du contact de molécules hétérogènes, mais *affinitaires*. C'est donc parce que l'air résiste et qu'il mouille, que chaque molécule d'eau de la veine fluide tend, en raison de ses forces composantes, à renoncer à la mise en commun, c'est-à-dire à la liquidité, pour se constituer autonome et gravitant dans son atmosphère propre.

J'ai dit qu'il n'y avait pas transformation du mouvement en calories, mais il y a transformation en électricité, et l'on connaît les effets électriques si puissants qu'on obtient avec la pulvérisation de l'eau.

Du moment où la molécule d'eau s'autonomise, il est évident qu'elle subit une autre loi que la sienne ; c'est cette loi que nous allons étudier dans les phénomènes de *claustration* qui appartiennent à l'ordre biologique.

Du rôle de l'eau dans l'ordre biologique.

On lit dans le *Code de Manou :*

Lorsque l'Invisible qui ne peut être approfondi que par la raison, voulut créer des êtres de sa propre substance divine, il créa d'abord l'*eau* et il y mit la semence.

Les Sivaïstes enseignaient que le feu est la matière originaire.

Les Wishnouïstes admettaient l'*eau* comme matière première de la création.

Ces deux manières de voir sont pourtant conciliées par un passage des *Védas* où il est dit : que l'Être général (*Tad*), c'est-à-dire *Parabrahma,* alors qu'il n'y avait ni être ni non-être (*at* et *asat*), était enveloppé par Maya, qui flottait autour de lui comme un brouillard sans formes, jusqu'au moment où, venant à se contempler dans la Maya, son amour dissipa les ténèbres.

La Gnose, conséquente avec ses traditions, traduit au même point de vue ses prétentions procréatrices, dans les livres des Hermétiques.

Pour les initiés des âges passés comme pour les Sivaïstes et les Wishnouïstes, mais sans exclusivisme de sectaire, le feu de nature (l'*ignis*) et l'eau (le mixte) jouaient un rôle considérable dans les transactions d'ordre physique par lesquelles ils voulaient quintessencier la matière.

Ces vieilles idées de physique générale furent presque complétement éclipsées par le règne d'Aristote ; sa raisonnante et délirante cabale avait trop à faire pour comprendre le maître ou pour le commenter suivant les besoins. Quand un homme de génie boit à la source des vérités, il en trouble l'eau pour longtemps.

Dirons-nous avec la Scholastique : *Nihil est in motu vitali, quod non priùs fuerit in motu communi?*

Et : *Quæ sunt dispersa in inferioribus, unita sunt in superioribus.*

Avec le premier considérant qui sent fort l'averrhoïsme, le matérialisme est satisfait ; avec le second, l'idéologie trouve son compte. C'est le ciel des accommodements.

Dans l'intérêt du dynamisme, nous devons nous garder de lui attribuer la vie tout entière, car sa part est assez grande. Le rôle de l'eau dans l'ordre biologique nous oblige à faire exactement cette part, et elle sera d'autant plus simple à établir que nous allons en juger dans des choses simples elles-mêmes.

L'eau constitue environ les trois quarts des tissus frais à l'état d'eau organique. Je me sers de cette expression parce qu'en effet l'eau fait partie constituante des organes, puisque sans elle ils ne seraient pas aptes à fonctionner.

De plus, les tissus desséchés, c'est-à-dire privés de leur eau organique, contiennent encore une notable proportion d'eau de combinaison.

Gerhardt et le docteur Lutz ont jeté un grand jour sur le rôle de l'eau en chimie. Ils ont achevé de démontrer qu'elle se présente tour à tour comme acide, comme base, comme eau de cristallisation, comme eau de combinaison.

Je n'ai pas ici à revenir sur les conquêtes faites par la chimie au profit de l'intelligence des actes vitaux, il serait insuffisant de les résumer et leur histoire est trop longue pour trouver place dans ce simple aperçu des propriétés générales de l'eau.

Restreignant donc mon cadre autant que possible en restant sur le terrain de la physique appliquée à la biologie, je me propose d'aborder trois phénomènes de la vie qui se lient si intimement qu'ils s'expliquent les uns par les autres.

Phénomènes osmotiques.

L'osmose est un de ces phénomènes complexes dont la théorie, cent fois faite, s'est toujours trouvée un peu boiteuse. Une vessie vide plonge dans l'eau et se remplit peu à peu. Imbibition, a-t-on dit, c'est-à-dire filtration et capillarité.

Cette vessie est pleine d'eau sucrée et se remplit davantage aux dépens du milieu liquide dans lequel elle plonge. Question de densité, a-t-on prétendu.

Cependant ce n'est pas toujours le liquide le plus dense qui fait appel au courant; la vérité n'est donc absolument ni d'un côté ni de l'autre.

Il est certain que la capillarité est pour quelque chose dans l'osmose, mais ce n'est pas tout, puisque la chaleur qui diminue la capillarité augmente l'osmose.

Si la perméabilité joue un rôle important dans ce phénomène, nous ne pouvons cependant l'invoquer seule, car si nous prenons une membrane sèche pour séparer deux gaz, ils se mélangent également; si la membrane est humide, il y a endosmose, c'est-à-dire prédominance du courant vers l'un des deux gaz. Quelle est cette force que Dutrochet a calculée capable de soulever une colonne de $3^{m},50$ de mercure, c'est-à-dire d'égaler quatre atmosphères et demie quand il s'agit de l'endosmose du sirop de sucre à la densité de 1,3 ?

C'est la même force qui fait monter la séve dans les tiges des arbrisseaux et qui permet à certaines essences d'élever leurs cimes à des hauteurs considérables.

C'est la même force qui préside au développement de la cellule ou qui la détruit (action de la diastase), ou qui lui permet de servir sa fonction (sacs spermatiques des limaces ; capsules de conferves).

Cherchons d'abord l'explication du phénomène, telle qu'elle ressort de l'ensemble des faits dont l'étude a été si bien commencée par Dutrochet.

Comme nous venons de le rappeler, l'osmose consiste en courants qui s'établissent entre des fluides différents quand ils sont séparés par un diaphragme perméable et humecté d'eau.

Les substances les plus actives pour déterminer l'endosmose sont le sucre et l'albumine, substances qui jouent un rôle de premier ordre dans la vie, soit du végétal, soit de l'animal. Si maintenant nous invoquons ce principe, à savoir que : *la liquidité est la mise en commun des forces*, il nous sera facile de comprendre qu'étant donné un plan de différentiation : le diaphragme, les forces disponibles se mettent à la disposition des substances qui peuvent les utiliser pour un travail à effectuer. Nous entrons donc dans une question d'affinité telle que la chimie la comprend quand elle groupe respectivement ses éléments en électronégatifs et électropositifs.

Ce qui est vérifiable pour les affinités chimiques l'est également pour les courants osmotiques qui se traduisent au galvanomètre par un courant positif dans le sens de l'endosmose. Aussi ces courants peuvent-ils être intervertis quand on leur oppose des courants factices plus forts. Sans entrer dans le détail d'expériences qui changeraient les proportions de ce mémoire, il m'est facile d'invoquer un ordre de faits qui prouve péremptoirement que les affinités ou les courants électriques jouent le premier rôle dans l'endosmose, je veux parler de la *dialyse*.

La dialyse n'est que l'osmose mieux comprise dans sa cause, mieux définie dans ses effets ; elle consiste dans ce phénomène de séparation, dans cette espèce de *diacrise* d'où il résulte finalement une séparation entre des substances d'abord confondues. Dira-t-on que c'est par une action catalytique, c'est-à-dire inconnue, ou par une action élective, que la membrane dialyse les substances?

La vertu catalytique a fait son temps, n'en parlons plus. Quant à la propriété élective du diaphragme, il y a une simple objection à lui faire, c'est qu'en supposant à une membrane le privilége de certains philosophes qui font de l'*éclectisme*, on ne peut accorder le même privilége à un diaphragme d'argile sans insulter l'éclectisme. Il est donc évident que la dialyse n'est pas le fait du diaphragme, qui n'est là qu'une condition organique, mais le résultat d'actions physiques propres aux substances dialysées, de telle sorte que celles qui ont des affinités dans leurs formes, c'est-à-dire dans leur disposition moléculaire et qui tendent à une limitation de mouvement par la cristallisation, se séparent de celles qui tendent à une concentration de mouvement pour se constituer dans le mode de la vie organique.

Nous venons de voir que l'endosmose, l'exosmose, la dialyse, sont régies par des lois dynamiques qui constituent l'essence même des phénomènes osmotiques. Si nous cherchons maintenant dans les organismes vivants la mise en œuvre de ces lois, notre attention se fixe aussitôt sur les phénomènes de digestion. En effet, tantôt c'est une substance azotée (diastase) qui attaque les fécules et les dissout, tantôt c'est une autre substance azotée (gastérase ou sucs gastrique et pancréatique) qui attaque les matières protéiques organisées et les dissout. Dutrochet a très-bien vu ce qui se passe dans la digestion des féculents : la diastase, malgré sa constitution azotée, se laisse très-bien endosmoser par les grains de fécule, mais les modifications qu'elle éprouve et qu'elle fait éprouver aux granules qui sont contenus dans la cellule, ne lui permettent pas de se laisser exosmoser; d'où il résulte que la cellule gonfle et crève par un phénomène tout à fait analogue à celui de la germination, et je dirai même identique, puisque c'est une *digestion* de même nature.

La digestion des matières protéiques présente quelque chose de plus complexe, car il ne suffit pas seulement de dissoudre ces matières pour les rendre absorbables, témoins l'albumine et le sucre, qui doivent subir des modifications pour être absorbés, et qui sont promptement éliminés par la dialyse des reins, quand on les injecte directement dans le sang.

Il faut, en effet, que ces matières soit ramenées à un état de liquidité ou de mise en commun du mouvement, qui est très-différent de l'état plastique qui leur est habituellement propre dans ce premier degré de liquéfaction, où leur viscosité indique une concentration de mouvement. La gastérase non-seulement désagrége les matières protéiques, mais les liquéfie en modifiant leur état électro-négatif, de telle sorte que ces substances deviennent aptes à l'endosmose, c'est-à-dire à l'absorption par les vaisseaux.

Phénomènes de claustration.

Des phénomènes osmotiques que nous venons d'indiquer, il résulte que la cellule est à la fois un endosmètre, un dialyseur et quelque chose de plus, puisqu'elle concentre le mouvement commun en le subordonnant pendant son évolution à un mouvement défini qui lui est propre.

La cellule c'est l'organe, mais la claustration est la fonction par laquelle cet organe sert un double mouvement. Ce double mouvement se traduit en physique par l'endosmose et l'exosmose.

En chimie, par la dialyse.

En physiologie, par un mouvement de composition et de décomposition.

En biologie, par une multiplication de la cellule (nutritrition), multiplication qui est une fonction de reproduction dans les espèces qui sont cellulaires.

L'idée que nous devons nous faire de la cellule est donc très-complexe, quoiqu'elle soit le premier terme de la vie.

La cellule est un condensateur du mouvement, et ce mouvement elle l'emprunte au milieu qui contient des forces diffuses. La cellule a donc besoin de forces disponibles pour vivre, et c'est en cela qu'elle est toujours subordonnée aux conditions du milieu.

Plus on s'élève dans la série des êtres et plus on voit se développer cette harmonie des parties et des systèmes qui a pour objet de faire agir et résister un milieu individuel dans le milieu commun; ces êtres, d'un ordre supérieur, ont des moyens pour s'assurer du mouvement disponible, alors qu'ils peuvent n'en pas trouver dans le milieu extérieur. De là ces grandes différences pour la même espèce, pour l'homme, par exemple, selon qu'il vit directement ou obliquement sous le soleil; mais, malgré ces différences, l'homme peut vivre partout, tandis que les organismes inférieurs sont subordonnés aux régions et aux saisons.

Un phénomène de *claustration* bien évident est celui que nous présente le moustique. Connaissant les lois qui régissent la transformation de la chaleur en son équivalent mécanique, ne faudrait-il pas une prodigieuse quantité d'aliments au moustique pour satisfaire à son mouvement si rapide et si prolongé, s'il n'empruntait directement de la chaleur aux rayons lumineux?

Phénomènes zymotiques.

Ces phénomènes, qui sont ceux de la vie dans l'ordre cellulaire, nécessitent pour leur intelligence complète les deux autres ordres de phénomènes que nous venons d'indiquer.

On comprend, en effet, qu'en raison de la *claustration*, les manifestations de la vie soient d'autant plus actives que la chaleur est plus considérable, sans atteindre cependant le degré voulu pour qu'elle agisse contre le mouvement propre aux cellules, au lieu de s'y subordonner.

On comprend comment ce même agent qui favorise la vie peut la détruire par la simple raison du plus fort, puisqu'il représente le mouvement commun favorable ou contraire, suivant son énergie, au mouvement propre des organismes. La nécessité de l'eau comme milieu n'est pas moins évidente comme condition première de la vie, si élémentaire qu'elle soit, puisque cet élément répond aux transactions qui tendent à s'établir dès qu'un germe, dès qu'un granule peut claustrer du mouvement. Mais notons que cette claustration, au début, résulte simplement de la présence d'une particule solide, quelle qu'elle soit dans un milieu liquide, parce que cette particule solide est toujours dans les conditions d'un condensateur ; c'est ainsi que se produit le mouvement brownien pour tous les corpuscules assez petits pour accuser, par leurs oscillations, que la chaleur du milieu tend à se transformer en mouvement.

Si le corpuscule, au lieu d'être inerte, tend à vivre, ce n'est plus un mouvement désordonné d'oscillation que l'on remarque, mais un mouvement de gyration qui annonce que l'osmose s'établit ; enfin, si l'organisme a une grande puissance de claustration, comme les navicules, par exemple, on le voit, sous l'influence de la lumière, prendre une plus-value de mouvement qui lui permet de s'orienter et de gagner la paroi du vase, du côté où la lumière frappe.

Tel est l'énoncé rapide des principaux phénomènes qui se combinent pour traduire la vie *au moyen* de *l'humide radical*, pour parler le langage des gnosistes.

Conclusions.

1° En raison des propriétés dioptriques de l'eau, cet élément joue un rôle important en météorologie et en climatologie, parce qu'il transforme la lumière en chaleur, en électricité et en mouvement.

2° Au point de vue du dynamisme, dont l'eau est l'organe, des phénomènes aussi nombreux qu'importants trouvent leur explication complète et rationnelle dans ces transformations des forces, dont les conditions bien comprises sont du domaine d'une *physique générale* entrevue par les anciens, mais encore mal définie par les modernes.

3° Cette *physique générale*, qui a pour base non les propriétés de la matière, mais la matière en fonction des forces, doit être le commencement de la physique expérimentale et l'introduction la plus utile à l'intelligence des phénomènes biologiques, car si la chimie nous éclaire sur la constitution des matériaux, elle ne s'occupe que des composés définis où les affinités sont enchaînées.

Si l'anatomie nous fait voir les appareils, les organes et leurs tissus, elle n'aborde pourtant que les conditions du rapport. Quant à la fonction, nous sommes obligés de reconnaître que dans l'ordre biologique elle suppose toujours les forces du milieu commun (lumière, chaleur, électricité, mouvement) et une force particulière qui détermine l'activité et la durée de la fonction.

4° Cette physique générale appliquée à l'ordre biologique, nous a conduits à indiquer trois ordres de phénomènes qui se lient étroitement et sont régis par les lois de la claustration et du zymotisme.

5° Ces phénomènes, qui sont ceux que présente la cellule, expliquent sa nutrition (mouvement de composition et de décomposition), sa vitalité subordonnée aux conditions du milieu commun où elle utilise en les condensant les forces disponibles, acte cellulaire auquel nous avons laissé le nom heureux de *claustration*. La loi du zymotisme qui préside à la reproduction et à l'évolution des cellules (actes si énergiques qu'ils ont fait supposer la *génération spontanée*), cette loi est tout entière dans le jeu des forces communes, qui sont utilisées par les protorganismes ou par les organismes, quels qu'ils soient, et dans le jeu des forces spéciales qui subordonnent le mouvement commun nécessaire au développement et à la reproduction de chaque espèce.

Paris. — Imprimerie de E. MARTINET, rue Mignon, 2.

www.ingramcontent.com/pod-product-compliance
Ingram Content Group UK Ltd.
Pitfield, Milton Keynes, MK11 3LW, UK
UKHW020226180726
13838UKWH00005B/2221